中国航天基金会
CHINA SPACE FOUNDATION **本项目由中国航天基金会支持**

我们必须征服宇宙

中国航天奠基人
钱学森的人生传奇

 第10册

我蒋你钱

钱永刚/主编
顾吉环 邢海鹰/编著
上尚印象/绘

 小猛犸童书

电子工业出版社·
Publishing House of Electronics Industry
北京·BEIJING

"你在一个**晴朗**的夏夜，
望着繁密的闪闪**群星**，
有一种可望而不可及的**失望**吧！
我们**真的**如此**可怜吗？**
不，绝不！
我们必须**征服宇宙！**"

钱爷爷和蒋奶奶太可爱了，他们的故事很动人。

是的，两个人一辈子相亲相爱，白头偕老，多好啊！

哥哥，还有钱爷爷和蒋奶奶的故事吗？我很喜欢听。

唔，还想听啊？那我得想想啦。

一定非常有意思！

故事很多啊，那就说个钱爷爷获奖、蒋奶奶去领奖的故事吧，我把故事简称为"我蒋你钱"。

2001 年 10 月的一天。

钱老，霍英东评奖委员会给您寄来了一封信。

霍英东我认识，他过去也当过全国政协副主席。

是的，霍英东先生设立了一个以他的名字命名的霍英东奖金，主要奖励对地区的文明及社会发展有杰出成就及贡献者，以及具有发展潜质的人士。

100万

评委会一致认为您最有资格获得"霍英东杰出奖"，奖金是 100 万港币。

我先看看信吧。

钱学森就是倔，不急，我们一起做工作。

这个奖有特别的意义，对促进国家统一有积极作用。霍先生是爱国人士，也一直在大力推动港澳地区的发展，我们应该支持。

你看让秘书多为难啊，他们以后怎么做工作呢！

这个奖我就是不能要。

为什么不要啊？总得有个理由吧！

不要说了，我就是不接受。

儿子钱永刚知道了事情的原委，来到床前，发现父亲、母亲和秘书脸色都不好看，也愣在了一旁。

老爷子不同意接受这个奖。

你也来凑热闹了！

我们一起努力，一会儿我和爸爸聊一下，看看他究竟是怎么想的。

好的。

靠你了。

爸爸，霍英东杰出奖你为什么不要呢？

这个奖牵扯太多，我不能要。

牵扯到什么问题了？让你这么顾忌？

你看，获奖名单里还有台湾地区的人。

霍英东奖金的获选人覆盖中国大陆地区、港澳台地区和东南亚地区，有台湾地区的人不奇怪呀！

你没明白，台湾问题很复杂。

陈水扁上台后大搞"台独"，如果获奖人有"台独分子"，我坚决不能与他们为伍，所以宁愿不要这个奖。

原来是这个原因！那我请秘书问问情况！

原因搞清楚了，老爷子担心获奖台湾人里有"台独分子"，他很讲政治的。

原来如此，还是钱老考虑全面，这个问题我们都没有想到呢！真的佩服老爷子！

钱老，您的顾虑我们知道了，霍英东是著名的爱国人士，不会选择"台独分子"的。

他爱国我知道，但他是大老板，不可能管得了这么细，万一有疏忽呢？

钱老，您先别拒绝，我们可以通过组织了解，如果这里面真有"台独分子"，您再拒绝也不迟，您觉得呢？

好，那你先向组织了解情况，给最高领导写信。

秘书连夜给主办方写了一封信，了解情况。

11

不久后……

钱老，组织上已经核查清楚了，确定没有"台独分子"，上级领导让你放心接受此奖，他们是支持的。

好，那就回复评委会我同意接受这个奖。

2001年12月7日，霍英东奖的颁奖典礼在广东省番禺市举行。

您行动不便，这个奖请蒋英教授、钱永刚替您去领取，秘书陪同。

临行前……

我要替你去领奖啦！在家好好待着，我很快就回来。

要出发了？这么快，那你得打扮得漂漂亮亮的！

当然，去领奖当然要穿得隆重一点。

不止领奖，还要去领奖金呢！

你要去领钱？

是的，我把支票领回来。

你去领奖状，回来给我。

霍英东奖颁奖典礼，霍英东给蒋英和钱永刚颁奖。

你们俩回来啦！

是呀，奖状和奖金都给你领回来了。

辛苦了，奖状留下，奖金还是老规矩，捐了！

奖金还是支持我们国家西部建设吧！

钱学森一生淡泊名利，对于金钱更是看得很淡，他姓钱但不爱钱。

我从不回忆过去，只想将来，这个将来不是自己的将来，而是国家、民族的将来。

我们就是为国而生的。

把钱捐给沙产业基金会，用来支援西部沙产业的发展吧！

早在1994年，钱学森获得何梁何利奖金100万港币，支票未到手，委托书就已经写好了，直接捐给了中国科协促进沙产业发展基金。

你是我们公司的技术顾问，知道我们公司的业务前景，入股对你有极大的好处。

当初，钱学森在美国的时候，由他老师担任总经理的航空喷气公司成立以后，公司股票节节攀升。

我是中国人，不打算在美国待一辈子，我入股也没用。

钱学森不仅没有在美国买保险，更没有在美国购置一处房产、进行一次投资。

你在美国为什么不买房子呢？

钱学森作为一流科学家，在美国完全可以过富足的生活，可他却想方设法要回中国。

买什么房子，我将来是要回到祖国的。

中国现在这么落后，你在美国待了这么久，为何不留下来？

我来美国不是为了留下，我是来学先进的科学技术的，然后报效祖国。中国落后只是暂时的，我相信总有一天，中国能成为世界上先进的国家之一。

了不起！

回国以后，钱学森享受一级教授的待遇，每月工资350元。

你被聘为中国科学院学部委员，听说增加了100元的补贴？

是的，国家给的工资不低，但还是要节约，照相机收起来，我不摄影了，太费钱。

家里人多，每个月开支也要精打细算，我们不能和在国外比，要学会勤俭持家。

国家还不富裕，我们要为国家分忧，额外的奖金和稿费收入我计划都捐出去。

都由你决定。

1958 年年初，钱学森所著的《工程控制论》获得了中国科学院科学奖金一等奖，奖金为 10000 元。

在中国科技大学力学系授课时……

下面我们把计算尺拿出来……

同学们你看看我，我看看你，最后都瞪着钱学森，然后面露难色。

你们没有计算尺吗？

我知道了。

没有……

1961 年，钱学森把用《工程控制论》获奖的奖金购买的国家公债共计 11500 元，全部捐给了中国科技大学，用于购买计算尺和其他教学设备。

1963年，中央号召厉行节约，钱学森主动写信要求给自己减薪。组织上根据钱学森的实际工资情况，减去了他科学院学部委员100元的补助。

国家困难，我们家的标准也需要降低，我已给组织写信，要求降低自己的工资。

从那以后，钱学森的工资直到改革开放前都没变过。

国家的事也是家里的事，我完全支持你。

谢谢你的理解和支持。

物理力学讲义

星际航行概论

同年，钱学森的《物理力学讲义》和《星际航行概论》先后出版。

当时中国刚刚经历了"三年困难时期"，许多人都填不饱肚子。

妈妈，我好饿。

钱学森一家和全国人民一样，也是勒紧裤带过日子。

钱副部长，您的《物理力学讲义》和《星际航行概论》出版的稿费来了。

我不看了，国家有困难，直接作为党费交给党组织。

这里是补发您父亲钱均夫先生三年的工资。

钱学森的父亲钱均夫因当时政治形势的影响，从1966年到1969年去世，都没有发过工资。

父亲去世前曾有交代，他说如果补发工资就捐给国家，以表达他对祖国的心意，这个钱我不能要。

我们更不能要。

按照我父亲遗愿，我把父亲的工资作为党费交给组织了。

沉痛悼念钱学森同志

2009年10月31日8点06分，钱学森安详地闭上了双眼。

那天，北京下起了鹅毛大雪。

人们冒着大雪从四面八方聚集到航天大院，每个人的心情都是沉重的，眼眶湿润。

这……这就是钱老居住的地方吗？

钱学森的家在最东边的单元。灵堂设在一层，面积只有十几平方米，非常狭小。无数花圈摆放在单元门外临时搭起的简陋棚子下。

航天之大

前来吊唁的人既有国家领导人，也有普通百姓。

没想到这位大科学家、全国政协副主席就住在这样的房子里。

钱老一生俭朴、为国为民的精神太令人敬佩了。

钱学森的卧室只有约14平方米。他写了几千封信、产生了无数思想的书房只有约7平方米。

钱老，您是为国家做出过贡献的科学家，怎么能"蜗居"在这里呢？

钱学森担任全国政协副主席以后，组织上不止一次想给他按标准换一套新房子住。

是啊，钱老，搬到新房子后，您就可以在院子里晒太阳了，有利于身体健康啊！

我住的条件比很多科技人员已经好多了，我很不安心。

钱老，现在都90年代了，那些科技人员早都住进组织安排的新公寓了。

我觉得这里很好，我住习惯了，别再劝我了。

就这样，钱学森在这幢老旧的房子里，一住就是49年，直到逝世。

钱学森曾任国防部第五研究院院长、副院长……咦？

怎么了？

怎么钱爷爷的官越当越小啊？

你能猜出来吗？

是不是工作人员搞错了啊？

是钱爷爷主动要求不当院长的，慢慢听我给你说是怎么回事吧。

1956 年，国防部成立了第五研究院，专门从事导弹的研制工作。

当时，回国刚一年的钱学森担任了首任院长，并受命组建研究院。

1960 年，上千名技术研究人员和上万名大学生纷纷加入了研究院，航天事业有了大发展。

安排新来的大学生和科技人员进行专业培训。增加幼儿园的小床和食堂的桌椅……

大量的行政事务使钱学森分身乏术，极大地影响了他对众多技术问题的思考。

尊敬的上级领导：大量的行政事务让我没有更多的时间考虑技术问题，我要求辞去院长职务……

钱学森向领导打报告，提出请求，辞去五院院长职务。

我的特长是研究技术问题，我希望有更多的时间去做科学研究。

您说得对，确实不应该让您承担那么多行政工作。

以后您就当副院长吧，专管技术工作。

太好了，这样我就可以集中精力去思考和解决重大技术问题了。

这就是钱爷爷从院长变为副院长的原因。

原来如此。

钱爷爷自己都说过,他不在乎官职,他在乎的只有科研工作。

钱爷爷一直都是这样的吗?

是啊,为了工作他只担任副职。

80年代中央希望钱爷爷当三届中国科学技术协会的主席,他也不愿意。

钱爷爷为什么不愿意呢?

嗯,当时广大科技人员开会时都推荐钱爷爷,在会上钱爷爷就直接表示自己不合适,比他强的科学家有很多。

那就这么决定了，下一届主席由钱学森同志担任。

1985年，中国科协召开会议，一致通过由钱学森任主席。

我不同意。

组织已经决定了，到时候就由您来致闭幕词。

致闭幕词我没有意见，但我希望最后加一句话，说明我不能出任下届科协主席的理由。

钱副主席，您这是……

如果你们不同意，就另请人致闭幕词。

您看可不可以这么办，文件上不写那段话，念完闭幕词后，您可以直接讲出来。

可以，就这么办。

中国科学技术协会闭幕会当天。

钱学森按照安排念完闭幕词后，给大家深深地鞠了一躬。

最后，我还要补充一点……

台下又响起了掌声。

我想说明，我本人并不适合担任下届科协主席的理由……

台下再次响起了掌声，打断了钱学森的讲话。

我……

这时，台下有人举手要发言。

这位同志，有什么话你说。

钱老，关于您个人的事情，就不要在大会上讲了。

他的话又迎来了一片更为持久且热烈的掌声。

算了，今天先不说了。

学森同志，如果你不当科协主席，那换届工作就进行不下去，我的意见是，请您不要推辞了。

邓老师……我……

由于钱学森决意不出任科协主席，只能请全国政协主席邓颖超等党和国家、军队领导人亲自出面做工作，钱学森才勉强答应。因为邓颖超曾是钱学森上小学时的老师，老师都说话了，钱学森只能服从啊！

行，我答应。但我绝不连任。

没问题，到时候就由你来推荐下一届科协主席的人选。

看来钱爷爷是真不愿意当官啊。

是啊，钱爷爷不看重地位，对名誉、金钱都不在意。

可钱爷爷确实是名副其实的"导弹之父"啊!

是的,我们都这样称呼钱爷爷,可钱爷爷自己坚决不同意。

为什么啊?

钱爷爷说导弹、卫星是大科学,是千万人参与的事情,不是他一个人搞出来的,所以也就没有"导弹之父"这种说法。

钱爷爷太谦虚了,话虽然有道理,但他的功劳大。那他喜欢别人叫他什么呢?

钱爷爷啊,喜欢别人称呼他为同志,他认为这是彼此之间最大的信任和尊重。

1988 年和 1992 年，钱学森曾两次致信中国科学院院长，请求辞去自己的院士称号。

1985 年，他坚决拒绝组织上把他列入国际宇航科学院院士的候选人名单中。

院士候选人应该给那些更有作为的同志。

钱老，您对自己这一生怎么看？

我的个人经历都留在档案里，至于我的功过后人自有评说。

钱老，您考虑出一本自传吗？

从不考虑。

钱老，中央准备编撰《中共党史人物传》，要把您列入编写条目。

我服从组织的决定，但不要对我个人歌功颂德，要反映党领导下的那段辉煌历史。

我们要向钱学森同志学习！

1991年，钱学森获得了目前为止唯一的"国家杰出贡献科学家"荣誉称号。

钱学森同志

特刊 中国航天

好好，关于钱老的故事，我一会儿发给你。

你怎么还在忙宣传我的事儿啊，凡事都应该有个度。

钱老，您为国家做出了那么大贡献，很多单位组织学习您的事迹，媒体进行宣传报道也是应该的。

那不行，不能因为宣传我而影响了广大科技人员的积极性，你马上给他们打电话，从明天起不要再宣传我了。

好，我马上联系他们。

在钱学森的坚持下，对他的宣传一直很少。

1991年，授予钱学森"国家杰出贡献科学家"荣誉称号大会。

在今天这么一个隆重的场合，说老实话，我的内心并不是很激动。

怎么回事？

钱老为什么不激动？

因为我这一辈子已经有了三次非常激动的时刻。

我第一次激动的时刻，是我在回国前夕，去和恩师冯·卡门告别，他说我在学术上已经超过他了。

听到老师说我在学术上超过了他这么一位世界闻名的大权威，我为中国人争了气，我激动极了！

第二次激动的时刻是1959年，在建国十周年时，我被接纳为中国共产党党员。

我成为一名共产党员，我简直激动得睡不着觉。

第三次激动的时刻啊，是今年，我看见中央组织部把雷锋、焦裕禄、王进喜、史来贺和钱学森，这五个人作为解放40年来，在群众中享有崇高威望的共产党员的优秀代表时。

我看见报道时，才知道有这回事，我的心情激动极了！

我现在是劳动人民的一分子了，而且与劳动人民中最先进的分子连在一起了。

还有一个不怎么激动的原因是，今天领导说人民对我的工作是满意的，我想，但愿如此，我还要继续努力。

据说美国人也给你颁发了荣誉。

我才不稀罕国外那些荣誉呢。

要是中国人民说我钱学森为国家做出了贡献，那才是最高的奖赏。

是的，我们就是要学习钱爷爷这样的精神，努力学习，长大了为国家多做贡献。

原来钱爷爷看重的是国家和人民！

这就是钱学森，这就是共产党员钱学森，科技界的楷模。

请看下一册

《 我们必须征服宇宙
第11册 信报传奇 》

未经许可，不得以任何方式复制或抄袭本书之部分或全部内容。
版权所有，侵权必究。

图书在版编目（CIP）数据

我们必须征服宇宙.第10册 / 钱永刚主编；顾吉环，邢海鹰编著；上尚印象绘. -- 北京：
电子工业出版社，2023.9
ISBN 978-7-121-45988-7

Ⅰ.①我… Ⅱ.①钱… ②顾… ③邢… ④上… Ⅲ.①航天－少儿读物 Ⅳ.①V4-49

中国国家版本馆CIP数据核字（2023）第131794号

责任编辑：季　萌
印　　刷：当纳利（广东）印务有限公司
装　　订：当纳利（广东）印务有限公司
出版发行：电子工业出版社
　　　　　北京市海淀区万寿路173信箱　邮编：100036
开　　本：889×1194　1/16　印张：36　字数：223.2千字
版　　次：2023年9月第1版
印　　次：2023年9月第1次印刷
定　　价：248.00元（全12册）

凡所购买电子工业出版社图书有缺损问题，请向购买书店调换。若书店售缺，请与本社
发行部联系，联系及邮购电话：（010）88254888，88258888。
质量投诉请发邮件至zlts@phei.com.cn，盗版侵权举报请发邮件至dbqq@phei.com.cn。
本书咨询联系方式：（010）88254161转1860，jimeng@phei.com.cn。